全国职业院校建筑类专业教材

QUANGUO ZHIYE YUANXIAO

房屋与装饰构造
习题册

JIANZHULEI ZHUANYE JIAOCAI

葛琳军◎主编

中国劳动社会保障出版社

图书在版编目（CIP）数据

房屋与装饰构造习题册 / 葛琳军主编．-- 北京：中国劳动社会保障出版社，2023
全国职业院校建筑类专业教材
ISBN 978-7-5167-6051-2

Ⅰ．①房…　Ⅱ．①葛…　Ⅲ．①建筑构造 - 职业教育 - 习题集②建筑装饰 - 职业教育 - 习题集　Ⅳ．①TU22 - 44 ②TU238 - 44

中国国家版本馆 CIP 数据核字（2023）第 219349 号

中国劳动社会保障出版社出版发行
（北京市惠新东街 1 号　邮政编码：100029）
*
三河市华骏印务包装有限公司印刷装订　　新华书店经销
787 毫米 ×1092 毫米　16 开本　2 印张　39 千字
2023 年 11 月第 1 版　　2023 年 11 月第 1 次印刷
定价：5.00 元

营销中心电话：400-606-6496
出版社网址：http://www.class.com.cn
http://jg.class.com.cn

本习题册是全国职业院校建筑类专业教材《房屋与装饰构造》的配套习题册。

本习题册根据职业院校建筑类专业学生的特点，按照教材分章编写，包括房屋构造概述、建筑装饰构造概述、墙体装饰构造、楼地面装饰构造、顶棚装饰构造、门窗装饰构造，以及建筑装饰防火构造，有填空题、选择题、判断题、名词解释、简答题、综合分析题等多种题型，供学生课后练习使用。

本习题册由葛琳军任主编，唐文明、晏司纯参加编写。

目录

CONTENTS

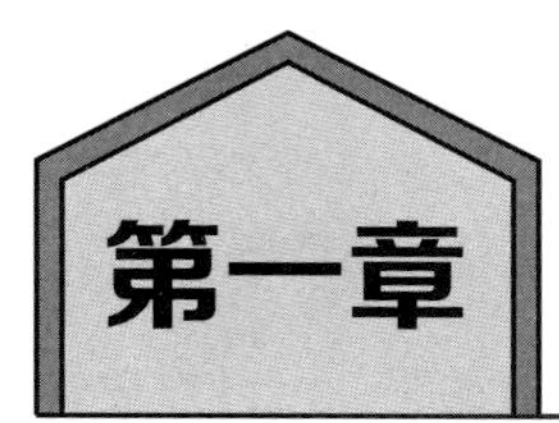

第一章 房屋构造概述

一、填空题

1．建筑是____________与____________的总称。

2．墙体按所处位置可以分为____________和____________。

3．将梁、柱、板等承重构件全部采用钢筋混凝土制作，以刚性连接的方法使之成为一个整体，组成一个空间骨架结构，即为________________________。

4．在楼房建筑中，____________是水平承重和分隔构件，它将楼层的荷载通过楼板传给柱和墙。

5．墙脚是指室内地面以下基础以上的这段墙体，内外墙都有墙脚，外墙的墙脚又称为____________。

6．钢筋混凝土过梁有____________和____________两种，梁高及配筋通过计算确定。

7．为了满足使用要求，楼板层通常由面层、楼板、____________三部分组成。

8．屋顶排水方式分为________________和________________两大类。

二、选择题

1．下列选项中，不属于按承重结构材料分类的房屋构造是（　　）。

A．砖（石）结构　　B．木结构

C．框架承重结构　　D．钢筋混凝土结构

2．沿建筑物长轴方向布置的墙称为（　　），沿建筑物短轴方向布置的墙称为（　　）。

A．外墙　内墙　　B．纵墙　山墙

C．横墙　砖墙　　D．纵墙　横墙

3．（　　）是建筑物埋在地下的最下面部分，它承受着建筑物的全部荷载，并把这些荷载传给基础下的（　　）。

A．基础　地基　　B．楼板　楼梯

C．地基　基础　　D．地基　楼板

4．墙身细石混凝土防潮层采用（　　）mm 厚的细石混凝土带，内配三根 ϕ8 mm 钢筋，防潮效果较好。

A．50　　B．40　　C．60　　D．80

5．钢筋砖过梁用砖的强度等级不低于（　　），砌筑砂浆的强度等级不低于（　　）。

A．MU8.5　M3.5　　B．MU7.5　M2.5

C．MU6.5　M1.5　　D．MU4.5　M0.5

6．（　　）是沿外墙四周及部分内墙设置在楼板处的连续闭合的梁，可增强建筑物的空间刚度及整体性，提高墙体的稳定性。

A．圈梁　　B．过梁　　C．平台梁　　D．构造柱

7．（　　）具有强度高、防火性能好、便于工业生产等优点，是我国应用最广泛的一种楼板。

A．龙骨楼板　　B．钢筋混凝土楼板

C．木楼板　　D．压型钢板组合楼板

8．板式楼梯是指平台梁之间楼梯段为倾斜的板式结构的楼梯，板跨之间的距离宜在（　　）mm 以内。

A．3 000　　B．5 000　　C．1 000　　D．2 000

三、判断题

1．屋顶是建筑物顶部的承重和围护结构，由承重结构和屋面组成。承重结构部分要承受自重、雪、风和检修荷载，屋面要承担保温、隔热、防水、隔汽等任务。（　　）

2．门是供人通行的，其高度一般不低于 1.8 m，也不宜超过 2.5 m，否则会有空洞感。（　　）

3．为尽快排除建筑物外墙周围的雨水，房屋四周可设置散水和明沟。（　　）

4．首层室内地坪称为地面，它仅承受首层室内的活荷载和自重，通过垫层传到土层上。（　　）

5．楼板层对墙体有水平支撑作用，层高越低的建筑物的刚度越大。（　　）

6．在一幢建筑物中，全部布置骨架结构的称为半框架结构，局部布置骨架结构的称为全框架结构。（　　）

7．剪力墙结构建筑物的梁、柱、屋架等承重构件用钢材制作，楼板和楼梯一般用钢筋混凝土制成，而墙则采用砖或其他轻质块材建造。（　　）

8．水磨石地面为分层构造，底层为 18 mm 厚 1∶3 水泥砂浆找平，面层为 12 mm 厚（1∶1.5 ～ 2）水泥石砟，石砟粒径为 8 ～ 10 mm，分格条一般高 10 mm，用 1∶1 水泥砂浆固定。（　　）

四、名词解释

1．建筑物

2．沉降缝

3．有组织排水

4．坡屋顶

五、简答题

1．影响建筑构造的因素有哪些？

2．窗台的构造要点有哪些？

3．墙体变形缝构造有哪些？

4．楼板层的设计应满足建筑的使用、结构、施工以及经济等方面的哪些要求？

第二章 建筑装饰构造概述

一、填空题

1. 建筑装饰构造是使用建筑材料、____________、装饰性材料对建筑物内外与人接触部分以及看得见的部分进行装潢和修饰的构造做法。

2. 建筑装饰构造通过对局部造型及尺度的把握、色彩与质地的选用等构造方法，将____________与艺术加以融合，丰富建筑空间。

3. 建筑装饰材料的选择和施工应符合《民用建筑工程室内环境污染控制标准》（GB 50325—2020）的要求，避免选择含有毒性物质和______________的建筑装饰材料。

4. ____________是整个建筑工程中的最后一道主要工序，通过一系列施工，装饰构造设计变为现实。

5. 建筑装饰工程涉及建筑物室内外各个部位，包括建筑构件在____________所形成的各个界面。

6. 墙面抹灰层的厚度一般都控制在 15 ～ 25 mm，并分______次做成，确保黏结牢固而又平整均匀。

7. 建筑物是供人使用的，因此建筑装饰构造要最大限度地满足人对____________的要求。

8. 在建筑装饰工程中，材料、构思方案、施工方法等的不同会使____________产生很大差别。

二、选择题

1. 建筑装饰构造是一门（　　）的工程技术学科。

A. 技术性　　B. 科学性　　C. 综合性　　D. 总体性

2. 下列选项中，不属于饰面构造的是（　　）。

A. 罩面类　　B. 贴面类　　C. 钩挂类　　D. 焊接

3. 建筑装饰构造设计应满足的四点要求中不包括（　　）。

A. 功能要求　　B. 安全耐久性要求

C. 施工技术要求　　D. 卫生要求

4. 下列选项中，属于贴面类构造的是（　　）。

A. 涂料　　B. 钉嵌　　C. 钩挂　　D. 抹灰

5．下列选项中，属于罩面类构造的是（　　）。

A．抹灰　　B．铺贴　　C．胶贴　　D．钩挂

6．“要根据使用部位和作用的不同来选择不同强度、刚度的建筑装饰材料”，这属于建筑装饰构造基本要求中的（　　）。

A．功能要求　　B．安全耐久性要求

C．施工技术要求　　D．经济合理要求

7．“厂房的设计，应首先考虑提高工人的劳动效率，保障工人的生产安全和有利于工人的健康”，这属于建筑装饰构造基本要求中的（　　）。

A．功能要求　　B．安全耐久性要求

C．施工技术要求　　D．经济合理要求

8．结合是拼装工序中的主要构造方法，下列选项中，不属于结合的方法的是（　　）。

A．绑扎　　B．黏结　　C．钉合　　D．榫接

三、判断题

1．如果在建筑装饰中随意改变原建筑设计中的交通疏散、消防处理措施，将会造成严重后果。（　　）

2．饰面构造主要是处理好装饰面层与构件基层的美观问题。（　　）

3．搁置与砌筑是将分散的块材通过绑扎和焊接垒砌成各种图案。（　　）

4．系挂的饰面材料为 20 ~ 30 mm 厚的天然或人造石材，可在其背面上方两侧钻小孔，然后用铜丝或镀锌铁丝穿过小孔与结构层的预埋件连接，然后再用水泥砂浆灌筑于石材与结构件之间固定。（　　）

5．胶贴的饰面材料呈薄片或卷材状，厚度在 5 mm 以下，如墙面的墙布、壁纸、绸缎，以及地面的地毯、胶板、橡胶板等，可直接钉于基层或用压条、钉子等固定。（　　）

6．饰面层的牢固程度主要取决于饰面层材料的物理、化学性能，以及与基层连接的牢固性。（　　）

7．木材和某些人造材料具有可剪、可切、可割的加工性能和可焊、可钉、可卷、可铆的结合拼装性能。（　　）

8．建筑物上采用的抹灰、油漆等覆盖式的构造处理，使建筑物主体结构能免受风、雪、雨、紫外线、有害气体等的直接侵袭，减轻人为摩擦、碰撞的损害。（　　）

四、名词解释

1．塑造

2．铸造

3．饰面构造

4．配件构造

五、简答题

1．简述饰面构造与饰面位置的关系。

2．建筑装饰构造设计应满足哪些要求？

3. 建筑装饰构造的分类有哪些?

4. 装饰装修的配件构造有哪几种类型?

第三章 墙体装饰构造

一、填空题

1. 室内墙面装饰作用包括____________、满足使用要求和美化室内环境。

2. 墙面抹灰层通常由底层、中层和面层构成。其中，底层抹灰主要起__________和____________的作用。

3. 溶剂型涂料以____________为稀释剂，因此易挥发燃烧，会污染环境和损害人体健康。

4. 常用的天然石材饰面板材有大理石和____________。

5. 裱糊壁纸、墙布时，阴角处接缝应____________，阳角处不得有接缝，应包角、压实。

6. 镶嵌类墙面装修施工中夹板墙裙和护壁板的构造做法是先在墙内预埋_______，在木砖上钉木骨架，最后在木骨架上固定夹板。

7. 空心玻璃砖墙体的装饰构造有多种做法，可分为______________和胶筑法两种。

8. ____________是指由玻璃板作为墙面的饰面材料，与金属构件一起组成悬挂在建筑物结构框架表面的非承重墙。

二、选择题

1. 内墙涂料涂刷前必须清除基层表面的灰浆、浮土、附着物等并用（　　）洗干净。

A. 酒精　　B. 水　　C. 丙酮　　D. 双氧水

2. 下列选项中，不属于常用的陶瓷制品饰面砖的是（　　）。

A. 灰砂砖　　B. 瓷砖　　C. 面砖　　D. 锦砖

3.（　　）是在基层上涂布金属膜制成的壁纸，具有抛光（金、银）的金属质感与光泽，给人以金碧辉煌和庄重、豪华的感觉。

A. 纸面纸基壁纸　　B. 天然材料面壁纸

C. 金属壁纸　　D. 塑料壁纸

4.（　　）的玻璃板无须金属骨架支托。在这里，玻璃板既是饰面材料，又是承受自重及风荷载的构件。

A. 明框玻璃幕墙　　B. 隐框玻璃幕墙

C．半隐框玻璃幕墙　　D．无骨架玻璃幕墙

5．通槽式挂件石材幕墙的挂件一般采用（　　）。

A．U 型挂件　　B．铝合金 SE 组合挂件

C．Z 型挂件　　D．C 型挂件

6．金属幕墙救援窗外窗应有（　　）标志，保证救援时能明确找到。

A．绿色　　B．白色　　C．红色　　D．黄色

7．下列选项中，不可用于砌块式隔墙的块材的是（　　）。

A．钢板　　B．普通黏土砖

C．加气混凝土块　　D．玻璃砖

8．下列选项中，（　　）不属于软包类墙面装饰构造的特点。

A．阻燃　　B．隔声　　C．防撞　　D．防火

三、判断题

1．内墙装饰的材料及其构造都要满足保护墙体的要求。（　　）

2．内墙涂料装饰喷涂质量与喷头距墙面的距离和角度有关：太远易成片，造成流坠；太近则易虚，造成漏喷和“花脸”。（　　）

3．瓷砖饰面的一般构造是：先用 13 mm 厚 1∶3 的水泥砂浆打底，再以 6 mm 厚 1∶3∶2 的水泥石灰膏砂浆作为黏结层，然后把瓷砖贴上，最后用白水泥擦缝。（　　）

4．大理石属于中硬石材，一般用于室外装饰。（　　）

5．镜面玻璃是以高级浮法平板玻璃经镀铝等特殊工艺加工而成的。（　　）

6．空心玻璃砖墙体砌筑完毕应在 24 h 后进行表面勾缝，最后用金属板或木线进行封口、收边装饰。（　　）

7．石材幕墙构造的主要部分是石材板和支撑结构（横梁立柱、钢结构、连接件等），板材挂装系统不宜设置防脱落装置。（　　）

8．铝板幕墙一直在金属幕墙中占主导地位，轻量化的材质减少了建筑的负荷。（　　）

四、名词解释

1．隔断

2．半隐框玻璃幕墙

3．纺织物墙布

4．罩面

五、简答题

1．室内墙面装饰类型有哪些？

2．面砖饰面的构造要点有哪些？

3. 锦砖有哪些特点?

4. 简述天然石材饰面干挂法的具体做法。

第四章 楼地面装饰构造

一、填空题

1. 陶瓷地砖是用瓷土加添加剂经制模成型后__________而成的，具有表面平整细致、质地坚硬耐磨、耐酸碱、吸水率低、易清洁、不脱色、不变形、色彩丰富、色调均匀、可拼出各种图案等优点。

2. 实木地板是以__________为原料，从面到底是同一树种加工而成的地板。

3. 塑料地板是指用聚氯乙烯树脂塑料地板作为__________铺贴的楼地面。塑料地板具有脚感舒适、易于清洁、美观、吸水率低、绝缘性好、耐磨等优点。

4. 为了防止地面潮气上升导致木材腐烂，木地面应满铺一层__________。

5. 固定式铺设是将地毯裁边、黏结拼缝成整片，__________后四周与房间地面加以固定的一种铺设形式。

6. 地毯铺设__________逐级进行。顶级地毯须用压条钉固定于平台上。

7. 金刚砂耐磨地坪由一定__________的矿物合金骨料、特种水泥、其他掺合料和外加剂组成，开袋即可使用。

8. 橡胶地毡与基层的固定一般用__________粘贴的方法，粘贴在水泥砂浆或混凝土基层上。

二、选择题

1. 下列选项中，不属于现浇水磨石楼地面的优点的是（　　）。

A. 平整光滑　　B. 坚固耐久

C. 弹性好　　D. 造价低

2. 进行楼地面装饰时常会采用一些材料实现楼地面的装饰功能和使用功能，在舒适性要求较高的场合常使用（　　）。

A. 地毯　　B. 陶瓷地砖

C. 现浇水磨石　　D. 水泥砂浆

3. 釉面砖吸水率不大于（　　），精陶材质，釉面光滑，化学稳定性良好，抗折强度不小于 17 MPa。

A. 10%　　B. 22%　　C. 5%　　D. 20%

4. 实木复合地板是将优质实木锯切、刨切成表面板、芯板和底板单片，然后根据不同品种材料的力学性能将三种单片依照（　　）排列方法，用胶黏剂粘贴起来，并在高温下压制成板。

A．纵向、横向、竖向三维　　B．纵向、横向、纵向二维

C．纵向、横向、纵向三维　　D．纵向、横向、竖向二维

5．高架空铺木地面常用于地板面距建筑地面高度大于（　　）mm 的空间。

A．300　　B．200　　C．350　　D．250

6．下列选项中，不属于整体类楼地面的是（　　）。

A．水泥地面　　B．混凝土地面

C．陶瓷锦砖地面　　D．水磨石地面

7．地毯按照编织工艺划分，不包括（　　）。

A．簇绒地毯　　B．机织地毯

C．走廊毯　　D．无纺地毯

8．铺设大面积塑料卷材要求定位截切，足尺铺贴，同时应注意在铺设前（　　）天进行裁边。

A．3 ~ 5　　B．3 ~ 6　　C．2 ~ 5　　D．2 ~ 6

三、判断题

1．瓷质砖吸水率不大于 2%，烧结程度高，耐酸耐碱，耐磨程度高，抗折强度不小于 25 MPa。（　　）

2．塑料地板的种类、花色众多，按表面装饰效果可分为聚乙烯塑料（PVC）地板、氯乙烯－醋酸乙烯共聚物（EVA）地板和丙乙烯地板。（　　）

3．弹性木地面适用于对地面弹性有较高要求的空间场合，如练功房、比赛场和舞台等。（　　）

4．表面光滑、致密度高、刚度较大的材料反射声波的能力较强，适宜作隔声吸声的材料使用。（　　）

5．楼地面装饰的直接式装饰做法是指先在混凝土地板上设置构架，然后在其上面进行装饰。（　　）

6．多层实木复合地板是由原木切成 2 ~ 3 mm 厚的薄木，然后用胶纵横交错粘贴并叠压制成的。这种构造特点增加了木材应力变化，因而其性能在各种木地板中是最稳定的，是当前地暖地板的最佳选择。（　　）

7．为了利于通风和保持干燥，弹性木地面四周与墙之间不应留空隙。（　　）

8．隔声楼地面主要是为了阻止地面撞击声通过楼层传递到下一层，一般用于隔声要求特别高的建筑楼地面。（　　）

四、名词解释

1．实铺式木地面

2．架空式木地面

五、简答题

1．简述楼地面的功能和要求。

2．根据材质不同，木地板一般分为哪几类?

3．金刚砂耐磨地坪有哪些性能特点?

4．踢脚板有什么作用?

六、综合分析题

请写出图示楼地面装饰的做法。

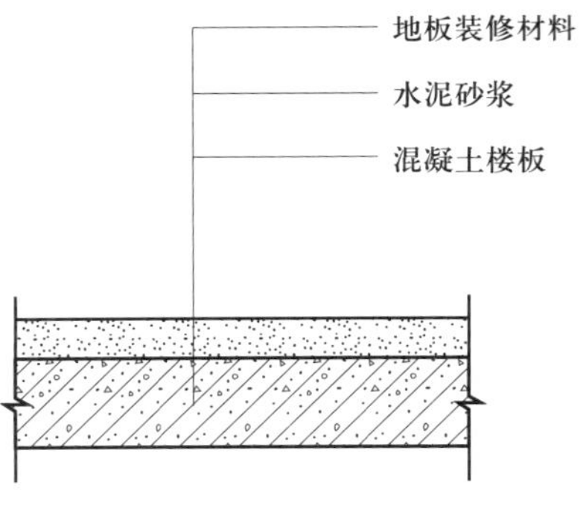

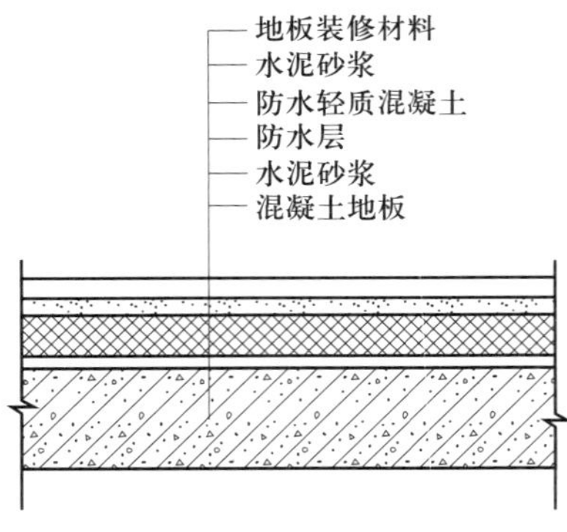

第五章 顶棚装饰构造

一、填空题

1. 顶棚按照施工方法可以分为抹灰刷浆类顶棚、____________、____________、装配式板材顶棚等。

2. ____________是指在屋面板或楼板的底面直接抹灰的顶棚。

3. ____________利用楼层或屋顶的结构构件作为顶棚装饰。

4. 矿物板材吊顶所用的面层板材有____________、矿棉板、____________、珍珠岩板。

5. 在大跨度屋盖上设置大面积____________进行室内采光，尽量减少室内电光源的能耗成为新的发展趋势。

6. 空间杆系统点式玻璃屋顶中，____________可以作为体系的压杆承载部分荷载，以减少额外构件数量，增大屋顶透明性。

二、选择题

1. 顶棚按饰面层与主体结构的相对关系不同，可分为（　　）。

A. 直接式顶棚和悬吊式顶棚　　B. 平滑式顶棚和井格式顶棚

C. 抹灰刷浆类顶棚和裱糊类顶棚　　D. 开敞式顶棚和隐藏式顶棚

2. 下列选项中，不属于结构顶棚的是（　　）。

A. 网架结构　　B. 拱形结构　　C. 玻璃结构　　D. 悬索结构

3. 钢板网抹灰吊顶先在次龙骨下加一道（　　）mm 的钢筋网，再在钢筋网下铺钢板网。

A. ф6　　B. ф7　　C. ф8　　D. ф9

4. 铝合金压座通过不锈钢螺栓固定在钢结构龙骨上，螺栓间距均不应大于（　　）mm。

A. 200　　B. 300　　C. 400　　D. 500

5. 遮阳帘应符合隔热、（　　）、色牢度好、耐腐抗霉的要求。

A. 防水　　B. 耐磨损　　C. 耐腐蚀　　D. 防紫外线

6. 金属条板是用（　　）或薄钢板加工而成的。

A. 金属方板　　B. 铸轧铝合金

C. 铝合金　　D. 石膏板

三、判断题

1. 金属开敞式顶棚的形式主要有搁栅天花板吊顶、筒型天花板吊顶、挂片天花板吊顶、藻井天花板吊顶等几种。（ ）

2. 金属条板是用铝合金或薄钢板加工而成的。根据条板之间板缝处理形式不同，金属条板顶棚装饰构造可分为开放型和封闭型两种。（ ）

3. 直接抹灰顶棚是指在天花板或楼板的底面直接抹灰的顶棚。（ ）

4. 平滑式顶棚整体为平直或弯曲的连续体，常用于面积较大、层高较低、有较高清洁要求和光线反射的房间。（ ）

5. 群体玻璃采光顶是在一个屋顶系统上，由若干单体玻璃采光顶在结构件支撑体系上组合成一个玻璃采光顶的群体，其形式可随意变化。（ ）

6. 采光顶竖向开启扇上方应连续设置披水板。（ ）

四、名词解释

1. 采光顶

2. 矿物板材吊顶

五、简答题

1. 采光顶装饰的特点有哪些？

2. 遮阳帘的构造要求有哪些？

第六章 门窗装饰构造

一、填空题

1．门的尺寸通常是指门洞的______、______尺寸。

2．____________又称腰头窗，在门上方，为辅助采光和通风之用，有平开、固定及上悬、中悬、下悬几种。

3．____________是指在墙砌好后再安装门框的安装方式。

4．为防止门心板的干缩裂缝，可以采取____________、木键拼缝、高低拼缝和企口拼缝的形式。

5．窗具有采光、____________、传递、____________、眺望和反映建筑物风格等作用。

6．窗按镶嵌材料不同，可分为____________、纱窗、百叶窗、保温窗等。

二、选择题

1．下列选项中，不属于门的作用的是（　　）。

A．出入　　B．疏散　　C．防火　　D．储藏

2．所有隔声门均应装置特制的门锁和五金配件，以满足（　　）的要求。

A．隔声　　B．透气　　C．密闭　　D．通风

3．一般平开窗的窗扇高度为（　　）mm，宽度一般不大于 500 mm。

A．900 ～ 1 200　　B．800 ～ 1 200

C．700 ～ 1 200　　D．600 ～ 1 200

4．单扇门宽度为 700 ～ 1 000 mm，双扇门宽度为（　　）mm。

A．1 100 ～ 1 800　　B．1 200 ～ 1 800

C．1 300 ～ 1 800　　D．1 400 ～ 1 800

5．窗按使用材料不同，可分为木窗、钢窗、塑料窗、（　　）等。

A．铝合金窗　　B．玻璃窗　　C．纱窗　　D．平开窗

三、判断题

1．门、窗都不属于建筑配件，而是承重构件。（　　）

2．夹板门扇一般多用于内门，不能用作外门或潮湿房间的内门。（　　）

3．以平开门为例，门一般由门框、门扇、亮子、五金配件及其附件组成。（　　）

4．原木门的选材主要需要考虑暗裂、虫眼、死节、色差这四方面，不需要考虑木门的使用环境。（　　）

5．各类窗的高度与宽度尺寸采用扩大模数 3M 数列作为洞口的标志尺寸，需要时只要按所需类型及尺度大小直接选用。（　　）

6．镶板门扇由边框和上冒头、中冒头组成门扇骨架，内镶门心板。中冒头边框和上冒头、中冒头断面一般相同。（　　）

四、名词解释

1．立口

2．防火门

五、简答题

1．木质防火门的构造及安装要求有哪些?

2．简要说明窗台板的构造做法。

第七章 建筑装饰防火构造

一、填空题

1. ________________________是衡量建筑抵抗火灾能力大小的标准，由建筑构件的燃烧性能和耐火极限决定。

2. 建筑装饰防火就是在建筑装饰设计和施工过程中采取的____________，以防止火灾发生和减少火灾对生命财产的危害。

3. 民用建筑的耐火等级应根据其建筑高度、使用功能、重要性和火灾扑救难度等确定，一般分为____________。

4. 涂料施涂于 B_1、B_2 级基材上时，应将涂料连同基材一起按相应的____________确定其燃烧性能等级。

5. 民用建筑按____________分为单、多层民用建筑和高层民用建筑。

6. 高层民用建筑内应采用____________等划分防火分区，每个防火分区允许的最大建筑面积不应超过相关标准的规定。

7. 在构造要求上，防火墙不宜设在转角处，必须设在转角处时，内转角两侧门窗口之间的水平距离不应小于______m。

8. 一般建筑物的安全出口应不少于______________，影剧院、商场、候车室等人员密集的公共场所，则应根据容纳的人数、安全疏散时间和疏散路线等具体情况而定。

二、选择题

1. 下列选项中，属于不燃类顶棚装饰材料的是（　　）。

A. 玻璃棉装饰吸声板

B. PVC 吊顶板

C. 硅酸钙板

D. 木质吊顶板

2. 单、多层民用建筑是指建筑高度不大于（　　）m 的住宅建筑，建筑高度不大于（　　）m 的公共建筑。

A. 27　24　　B. 25　24

C. 24　27　　D. 24　25

3. 高层民用建筑根据其使用性质、火灾危险性、扑救和疏散人员的难度等分为

（　　）类。

A．三　　B．两　　C．一　　D．四

4．为防止地下民用建筑发生火灾时蔓延扩大，将火灾控制在一定范围之内，对面积较大的地下民用建筑应划分（　　）。

A．防火墙　　B．临时避险场所

C．防火分区　　D．安全区域

5．地下民用建筑的疏散走道和安全出口的门厅，其顶棚、墙面和地面的装修应采用（　　）级装修材料。

A．D　　B．C　　C．B　　D．A

6．地下民用建筑的内部装修材料应全部采用（　　）。

A．可燃烧材料

B．难燃烧材料

C．非燃烧材料

D．以上皆可

7．下列选项中，不属于轻质隔墙材料的是（　　）。

A．玻镁板　　B．彩钢板

C．玻璃隔墙　　D．泡沫夹芯水泥板

8．防火门、防火窗按其耐火极限分为（　　）三级。

A．一、二、三　　B．甲、乙、丙

C．A、B、C　　D．以上皆可

三、判断题

1．常用壁纸有纸质壁纸、布质壁纸两类。这两类材料分解产生的可燃气体发烟量相对较少，尤其是被直接粘贴在A级基材上且单位面积质量小于300 g/m^{2}时，可作为B_1级装饰材料使用。（　　）

2．多孔或泡沫状塑料极易燃烧，而且燃烧时会产生大量对人体有害的烟气，但这种材料往往会作为吸声材料用于室外装饰。（　　）

3．单、多层重要公共建筑的耐火等级不应低于二级。（　　）

4．对于贯通数层的有封闭式中庭的建筑，应将不能相连通的各层作为一个防火分区考虑。（　　）

5．高层民用建筑内应在首层或地下一层处设消防控制室，周围应采用耐火极限不低于1.2 h的隔墙将其隔开，并且要有直通室外的安全出口。（　　）

6．高层民用建筑防火墙上不应开设门、窗及其他洞口，必须开设时，应安装能自动关闭的乙级防火门、窗。（　　）

7．为防烟、防火，在高层民用建筑楼梯间内，除开设通向公共走道的疏散门外，还应开设其他房间的门、窗及洞口。（　　）

8．避难层、避难间是高层民用建筑发生火灾时专供人员临时避难用的，十分重要，安全要求很高，内部装修均应采用A级装修材料。（　　）

四、名词解释

1．防火分区

2．防火墙

3．地面装饰材料

五、简答题

1．简述地下民用建筑防火构造措施。

2．什么是墙面装饰材料？

3. 简述防火门的分类及其适用场所。

4. 装饰材料按其使用部位和功能可分为几类?